身边的自然课

李庆辉 主编

鸟语啾啾

何腾江 文

吴可量 图

U0340157

希望出版社

图书在版编目（CIP）数据

鸟语啾啾 / 李庆辉主编；何腾江文；吴可量图.
-- 太原：希望出版社，2024.6
（身边的自然课）
ISBN 978-7-5379-8993-0

Ⅰ. ①鸟… Ⅱ. ①李… ②何… ③吴… Ⅲ. ①鸟类—
儿童读物 Ⅳ. ①Q959.7-49

中国国家版本馆CIP数据核字(2024)第028070号

SHENBIAN DE ZIRAN KE NIAOYU JIUJIU

身边的自然课　鸟语啾啾　　　李庆辉　主编

何腾江　文　　吴可量　图

出版人：王　琦	美术编辑：安　星
责任编辑：翟丽莎	封面设计：蓝美华
复　审：宸源雪	装帧设计：安　星
终　审：王　琦	责任印制：田祥宗　李世信

出版发行：希望出版社

地　　址：山西省太原市建设南路21号

开　　本：880mm×1230mm　1/32　　印　张：4.5

版　　次：2024年6月第1版　　印　次：2024年6月第1次印刷

印　　刷：山西基因包装印刷科技股份有限公司

书　　号：ISBN 978-7-5379-8993-0　　定　价：28.00元

目 录

普通翠鸟：耐心的捕鱼高手

站在中山金钟水库边上，我看见一只普通翠鸟正停在一根树枝上。五月里的微风一吹，树枝轻轻摆动，普通翠鸟双爪紧紧地抓着树枝，身体随着树枝而摇动，像在拨着琴弦……

这座水库原本是一片荒无人烟的山野，突然有一天，推土机等设备陆续进来了，这里慢慢就变成了

城市公园——金钟湖公园。一到周末，公园里人满为患，静谧的山野也顿时喧嚣起来。

　　倒是普通翠鸟并不太惧怕人群，当然也不会太亲近人群，总是给人一种若即若离的感觉。人在水库边上走，普通翠鸟停在不远处的树枝上。它专注于水面，静静等待鱼儿的出现。只要不故意去打扰它，它很可能就会一直停在那里，直到水面有了"鱼情"，它才会像箭一般，一头扎进水里，轻而易举就叼起一条鱼，

又回到树枝上。

这只普通翠鸟几乎跟我少年时见过的一模一样，上体为浅蓝绿色，颈侧有大块白斑，喉部呈白色，而下体则为橙棕色。

在阳光的映照下，普通翠鸟的头顶、翅膀仿佛都"镶"着闪烁的星星和耀眼的钻石，不得不令人感叹，这般漂亮的装饰，都装点在普通翠鸟的身上了。

记忆里，我少年时在灵界村，很爱观鸟。

普通翠鸟是留鸟，一年四季都能见得到。有事没事往灵界村北面的那一汪池塘边上一站，对岸的杂树枝条上，时不时就会停着一两只普通翠鸟。

我在岸这边，普通翠鸟在岸那边。

近在眼前，又远在岸边。这是普通翠鸟在我的少年记忆里留下的深刻印象。

普通翠鸟就这么静静地停在枝条上，像一幅油画，上面尽是涂着五彩斑斓的色调，耀眼又丰腴。

"嗷——"实在无策的我，夸张地发出一声怪叫。

普通翠鸟扬起头，似乎不满地瞄了我一眼，然后几乎贴着水面，往岸边的甘蔗林里飞走了，甩下我……

有别于其他鸟类，普通翠鸟习惯低空飞行，且是极速飞行，像一辆刚起步的跑车，眨眼间，就消失在视野里。

这样的飞行习惯，也许跟普通翠鸟的飞行姿态有关。它不盘旋，也不躲闪，而是沿着直线飞，像一支射出去的箭……

千万不要误以为普通翠鸟就是一个急性子，像急匆匆出鞘的剑。恰恰相反，它很有耐心。

眼前的普通翠鸟停在树枝上有二十多分钟了，还是一动不动地盯着水面。旁边不时飞来一只红耳鹎（bēi），还没停下来一分钟就东张西望，再怪声怪气地叫两声，又飞走了；还有几只暗绿绣眼鸟，在旁边的枝头上追逐着，一刻都不消停。

普通翠鸟就是不一样。

就在我快要失去耐心的时候，普通翠鸟突然起飞，像高台跳水般，一个猛子扎进了水里，顿时湖面水花四溅，在阳光的照耀下，闪闪发光。

没待我反应过来，普通翠鸟已从水里起身，伴随着乱溅的水花，轻车熟路地回到了刚才的树枝上。这时候，我清晰地看见，它的嘴里正叼着一条鱼。纵然鱼尾不断拍打，奈何普通翠鸟的喙已紧紧地咬住了鱼身，鱼想要逃脱，估计是不可能了。

普通翠鸟并不急着大快朵颐，而是衔着鱼飞到一棵枯树上，对着枝干捶打鱼，直到鱼奄奄一息了，它才慢慢享用美味大餐。

很多时候，我看到湖边的树枝上经常有鱼鳞或者血迹。千万不要惊讶，那很可能就是普通翠鸟的"战利品"。

我少年时观察到的普通翠鸟并不会将巢搭在树上，而是经常选择陡峭的山坡。

灵界村多是平地，少有的泥崖也是在灵界水库的边上。水库深不见底，泥崖边，土滑得很，谁也不敢

往那里钻，万一掉进水里，可不是闹着玩的。

　　普通翠鸟恰恰就选择在那里挖洞，作为巢穴。巢穴仿佛是一条隧道，看起来很深，内有乾坤，其他动物可不敢轻易侵犯。它的这一习性，跟蓝翡翠一样。它们都属于翠鸟科，算是亲兄弟，习性也极为相似。

　　这样的巢穴，是遥不可及的，像少年时做过的那些遥不可及的梦。

自然课堂

　　普通翠鸟显然是漂亮的，站在岸边，就是一幅风景画，美轮美奂。

　　在分类上，普通翠鸟属于佛法僧目翠鸟科，这个科还有蓝翡翠、蓝耳翠鸟、斑鱼狗等，它们无一例外，都有一个共同的特点，就是拥有长而直如匕首般的喙。正因为有了这样的喙，它们都成了捕鱼能手，且多是百发百中，与普通鸬鹚有得一拼。

　　从外形上来看，普通翠鸟脚短，喙细长。雄鸟下喙是黑色的，雌鸟下喙则是橘黄色的。普通翠鸟时常栖息于水源周边，以俯冲的姿势捕鱼，有时也沿着水面低空直线飞行，常边飞边叫。

珠颈斑鸠：炫技飞行赏心悦目

春天一来，似乎珠颈斑鸠也"醒"了。天才蒙蒙亮，从小山头那边就传来了咕咕咕的鸟鸣声。

没错，那是珠颈斑鸠。

搬到新小区居住，我每天清晨都是在鸟鸣声中醒来的，仿佛又回到了我的灵界村，日子惬意而安宁。

小区不远处，就有一座小山，长满了野树和野花。

在城中央，还能保存一座近乎荒野般的山头，真是一件不容易的事。推窗，便能望见山的一角，枝繁叶茂，绿意盎然。

珠颈斑鸠就躲在山里，先闻其声，未见其影。

到了黄昏，坐在书房里，我又听见了咕咕咕的叫声，一次比一次清晰。越发觉得，这样的鸟鸣声，让人心灵宁静，思绪随着这样的声音，深入到一片深不可测的山坡里，那里有乌云一般的茂密丛林……

在灵界村，一个孩子站在旷野上，很容易就被珠颈斑鸠的鸟鸣声诱惑着，一步一步地往坡地的深处走去。

那个孩子，就是我。

彼时，我的脚步越往前走，此起彼伏的鸟鸣声似乎近在耳边。于是，走着走着，不知不觉间，鸟鸣声突然停住了。停下来，四周张望，发现自己早已迷了路。

其实，珠颈斑鸠不仅出现在村庄里，还时常在城市的公园或者小区里出现。作为一种留鸟，珠颈斑鸠并不特别惧人，偶尔会在距离人三四米远的地方觅食。

这时候，近距离观察一身褐色的珠颈斑鸠，很快就会发现，它的颈部到腹部都是粉色，颈部两侧则为黑色，上面还布满了白色的斑点，像镶满了一颗一颗的"珍珠"，尤为打眼，正因此而得名"珠颈斑鸠"。

在我的城市里，还有一座原汁原味的城市公园。春暖花开的午后，突然心血来潮，便到公园闲逛。拐进一段冷清的园内小路后，很快就遇见了一只珠颈斑鸠在求偶。

雄鸟脸红脖子粗，棕红色的脖颈上"圈"着明晃晃的"珍珠项链"，仿佛是为雌鸟"盛装而来"。

雄鸟光有鲜艳的服装，显然还不行。雌鸟对配偶的要求可不低。此时，雄鸟拼命地鼓动双翼，垂直向上飞升，感觉就像一架正在起飞的直升机，双翼剧烈震动，令人惊艳不已。待上升到一定的高度后，雄鸟便自由落体般降落，并做了一个漂亮的滑翔动作，一下子就落到了雌鸟的身边。

　　整个炫技飞行的时间并不长，飞行的距离也不远，但绝对是珠颈斑鸠求偶仪式中最令人赏心悦目的一幕。

　　一番颇费心思的表演后，雌鸟似乎并不留情，而是头也不回地飞到了另一片草地上。雄鸟一看，急了，屁颠屁颠地跟着飞了过去，又落在雌鸟的旁边，倾斜着身体，绕着雌鸟一直鞠躬，媚态十足，好像在说："求求你了，接受我吧。"

　　一番"诚意"下来，雌鸟果然心动了，于是雄鸟、雌鸟依偎在了一起。通常情况下，珠颈斑鸠都是一夫一妻制，多是一年繁殖一次，偶有一年两次。

作为鸽形目的中小型陆禽，珠颈斑鸠喜欢营巢于林间、灌木丛。那些低洼的山林，总会为它们提供植物嫩芽、种子、果实。珠颈斑鸠的食谱里，也有昆虫和小型无脊椎动物。无疑，山林是它们不错的栖息地。

不过，珠颈斑鸠终究是一种与人类颇为亲近的鸟，与鹪鸰、乌鸫、红耳鹎一样，时常出现在人的周围。有一天，我突然发现窗台一处隐秘的地方，有一个粗糙的鸟巢。转念一想，要么是乌鸫的，要么是珠颈斑鸠的。

不出我所料，珠颈斑鸠果然来了。

那一刻，我突然有一种莫名的感动，感动于一只珠颈斑鸠的信任。人与鸟的亲近，也许就在窗台边的一处鸟巢。

自然课堂

咕咕咕、咕咕咕，这是珠颈斑鸠的叫声；

布谷、布谷、布谷，这是"布谷鸟"杜鹃的叫声。

虽然从字面上来看，两种鸟叫声的区别还是蛮大的，但实际上，很多人乍一听，还是会将它们的叫声混淆了。

若仔细分辨，珠颈斑鸠的叫声较为喑哑低沉，像在哭诉，所以它成了鸟界的"怨妇"；而杜鹃的叫声则清脆响亮一些，好像在催人干活一样。

叉尾太阳鸟：悬停吸食如精灵

在紫马岭公园见到叉尾太阳鸟的时候，我都不敢出声，并不是它有多凶猛，事实上，它压根谈不上凶猛，我是担心我的声音会吓跑它。

叉尾太阳鸟正将长长的、向下弯曲着的喙，插入一朵花蕾里，津津有味地吸食呢。它双翅不停地剧烈抖动着，努力保持着身体的平衡，悬停在半空中，吸

呀吸……

对于每一位观鸟者而言，大抵都希望欣赏到叉尾太阳鸟悬停吸食的精彩画面。这个美轮美奂的小精灵，实在太小了，远不如一只麻雀的一半，一度还被认为是中国最小的鸟。

是呀，这个活泼的小精灵，一刻也不会消停，总是在枝叶间跳来跳去。尤其是雄鸟的头部顶着一撮闪亮的绿色，这种颜色与绿树色彩相近，要不是站定仔细搜寻，还不一定能够发现它的踪影。

像大多数的鸟类一样，叉尾太阳鸟也是雄雌不同色。雌鸟上体大多是单调的橄榄绿色，下体多为灰绿色；雄鸟的色彩则鲜艳得多，两根中央尾羽长而尖细，像叉开尾巴一样，故有"叉尾太阳鸟"之称。

其实，雌雄最明显的区别，还是雄鸟的喉部和胸部都镶着深红色的体羽，雌鸟则无。在野外见到叉尾太阳鸟，并不难辨认。要是再幸运一点，看见一只漂

亮的"小不点"悬停着吸食，那十有八九就是叉尾太阳鸟了。

这只喜欢悬停的叉尾太阳鸟在晌午的阳光的照射下熠熠生辉。也许，它原来就属于太阳，否则这么多的名字可选，为什么偏要叫"太阳鸟"呢？

叉尾太阳鸟似乎已经吸饱了花蜜，转身落在枝条上，抖动了一下翅膀。我以为它会歇息一刻，可是没有。它像个精力充沛的孩子，又飞了起来，在半空中极速地抖动着翅膀，一次又一次在空中做出滞空的动作，像是在舞台上表演。

也许，叉尾太阳鸟更喜欢做一个光彩照人的演员，享受如潮水般的掌声，享受如阳光般的欢呼声，难怪有人赞美道："叉尾太阳鸟因花朵而美丽，因阳光而夺目，这是披着阳光的精灵。"

　　似乎这样的表演还不过瘾，叉尾太阳鸟又飞到一棵紫荆树上，双脚牢牢地抓着树枝，慢慢将身体倒下来，就这么"倒挂金钩"，然后微微扬起头，将细而弯的尖喙伸进花朵里，吸呀吸……

　　四五月一到，便是叉尾太阳鸟的恋爱季节。雄鸟为了"讨好"雌鸟，就会在半空中"跳舞"，动作极尽优美，并且发出动听又富有旋律且连绵起伏的颤音，像金属般的铿锵回声，余音绕梁。

　　在"抱得美人归"之后，叉尾太阳鸟就会一起营巢。有时候，甚至可以看见一棵树上有一个像吊着花篮般的巢，那或许就是叉尾太阳鸟的杰作。

　　也许，在叉尾太阳鸟的生命里，就一直有"悬停"的基因，就连巢也喜欢悬挂着，仿佛向世人宣示，悬停的生命更精彩。

自然课堂

花蜜鸟科的鸟，除了叉尾太阳鸟外，还有绿喉太阳鸟、黄腰太阳鸟、黑胸太阳鸟等。显然，叉尾太阳鸟更为常见，也更惹人爱。

不过，在城市的公园里，很多人都会自作聪明地误认为，那是"蜂鸟"。

其实，中国目前尚未有蜂鸟的记录，它们大多出现在拉丁美洲。而且，叉尾太阳鸟与蜂鸟也不同目。

之所以容易被误认为是"蜂鸟"，是因为叉尾太阳鸟的体态、喙形和悬停吸食的动作，与蜂鸟极为相似，故而被误誉为"东方蜂鸟"。

麻雀：叽叽喳喳喜欢结群

　　三月里的三溪村，总是不动声色地荡漾着春的画卷。这是岭南一座小城的古村落，颇有一番诗意。我们坐在一个院落里，身后是几棵枸杞树，摇曳着绿枝……

　　我刚刚落座，一只褐色的麻雀就从遮阳棚上翩跹而至，停在不远处的地面上蹦蹦跳跳地啄食。

　　"这是什么鸟？"我漫不经心地问。

　　同行的朋友摇摇头。

　　"那是麻雀！"我略感失望，"它的胆子说大也大，说小也小。"

　　也许，乡下的孩子更熟悉麻雀。小时候，我在灵界村见过的麻雀，是躲在瓦房洞口的麻雀，是偷食院子里稻谷的麻雀。

　　三溪村虽然是古村落，却已被城市的高楼大厦团团围住。这里的麻雀全然不顾我的目光，一

个劲地啄食，也没拿正眼看过我。

丢了东西过去，麻雀居然头也不抬，就叼走了，仿佛它才是这里的主人。

回到枝头的麻雀，一刻也没停下来，一会儿跳到这根枝条上，一会儿又跳到那根枝条上，叽叽喳喳个不停，似乎要吵翻了天才肯罢休。

麻雀是留鸟，无论是在城市，还是在村庄，一年

四季都能见到它们的身影，像如影随形的伙伴。

麻雀的上体一般呈棕色或黑色，且夹杂着灰褐色的条纹，头像戴着一顶扁平的帽子。嘴巴又短又粗，呈圆锥状，嘴峰稍曲。

眼前的麻雀，似乎并不惧人。说话间，又一只麻雀从旁边的龙眼树上落了下来，跟另一只麻雀在抢食。一只扑下去，一只腾起来，像在打斗，又像在嬉戏。

这是一家由古朴的院落改造而成的餐馆，大半边的院落敞开着，种植着花草树木，成了鸟虫的栖息地。

饿是饿不着的，院落里有这么多的食物碎屑。两只麻雀居然在半空中打斗，翅膀拍打着翅膀，发出来的声音，在这个慵懒的午后，突然觉得有点动听，仿佛是灵界村的麻雀在呼唤我。

麻雀最活跃的时候，大多是在夏天。此时，早稻

刚刚收割完毕。稻谷运回来，趁着炽烈的阳光，总是
要在院子里晾晒几天的。待晒干了，收拾起来，进入
谷仓，那便是一家人全年的粮食。

院子里的稻谷，就这么摆在眼前，麻雀哪能放过
这么好的机会呢？说麻雀是家贼，一点儿也不为过。
眼皮一低，麻雀蜂拥而至，拼命啄食，真叫人讨厌。

于是，每逢晾晒稻谷，总是要有一个人守候。要

知道，"家贼"麻雀很难防呀，这可是要花些工夫的。

让一个野惯了的孩子一个人坐在堂屋里，就这么守着院子里的一大堆稻谷，真是不容易。男孩子的心哪能定得下来，村巷里远远扬过来的打闹声，像磁铁一般，很快就将男孩的心"吸"了过去。

怎么办？偶有溜出去的时候，你前脚刚踏出院子，麻雀后脚就飞了过来，又要回来赶麻雀，真是气人。

大吼一声，淡定的麻雀轻盈一跃，跳上了瓦房顶，似乎还要挑衅一下我；胆子小的，慌乱间，撞进堂屋，到处乱飞，将角落里的灰尘都扬了起来……

误打误撞飞进堂屋的麻雀很慌乱，我也手忙脚乱。几次扑了空之后，我还不小心将八仙桌上的煤油灯打翻了，灯盖碎了一地。

就在我低头捡拾灯盖的时候，麻雀居然发现了屋檐下的洞口，一下子就钻了出去，留下我在灰暗的堂屋里生气……

那只逃过一劫的麻雀，其实是家麻雀。它们的数量更为庞大，成群结队活动的时候，密密麻麻一片，全是灰褐色，像一座移动的山峦。

家麻雀在灵界村神出鬼没，多以谷物、昆虫及树叶为食。一到夏天晒稻谷时，全村都要防着家麻雀。

家麻雀很少在茅草屋的屋檐下搭窝，它们搭的窝

多在瓦房的屋檐下。那时候，灵界村的瓦房并不多，但是几乎所有瓦房的屋檐下都有洞口。家麻雀的窝就在那里。

比较常见的，还有山麻雀。它们并不迁徙，多栖息在山地、平原、丘陵以及草原。

山麻雀的生性似乎更大胆，更喜欢结群。尤其是秋冬季节，稻田里时常飞过数百只的山麻雀。为什么稻田里有那么多稻草人，很多时候都是为了驱赶山麻雀的。

山麻雀的食物更为集中，多是稻谷或草籽，我们时常能在草堆里找到山麻雀的窝。

自然课堂

我观察到的麻雀，多是蹦着走路的。这可能是我小时候与麻雀对峙的"成果"。

那时候的麻雀从屋顶落在院子里，它们就一蹦一跳，一点头一啄食，像一个个逗号。

麻雀为什么多是蹦着走？因为它们的胫骨和跗骨之间的关节不能弯曲。

红耳鹎：用歌声"温暖"深秋

搬到新小区的时候，正好是深秋。

此时，窗外的木棉树已落光了叶子，光秃秃的枝干孤单地伸向半空中，欲语还休的样子，像个寂寞的孩子。

这个时候恰恰是寒露。《月令七十二候集解》里是这么记录的：

寒露，九月节。露气寒冷，将凝结也。

意思是说，寒露一来，气温比白露时更低，地面的晨露冷，都快要凝结了。寒露，也恰恰是二十四节气里最早出现"寒"字的，意味着，往后的日子，天气逐渐冷了……

想必又要"悲秋"了，不自觉就想起"寒蝉凄切，对长亭晚，骤雨初歇"之类的诗句。

一个人在小区里无所事事地闲逛，头顶偶尔传来

鸟鸣声，时断时续。抬头一看，正好看见一只鸟背对着我站在木棉树的枯枝上。

目光所至，屁股处的一撮红色羽毛格外醒目。

没错，是红耳鹎（bēi）！

少年时在灵界村，念念不忘的鸟，除了普通翠鸟、暗绿绣眼、喜鹊，还有这调皮的红耳鹎。标志性的装饰，除了耸立的黑色的羽冠、红色的臀，还有眼下鲜红色的斑点。

红耳鹎虽然也适应生活在山地次生林、公园、果园，但我观察到的红耳鹎，更多的是出现在村庄。

那时候，我还住在茅草屋里。红耳鹎时不时就飞到屋顶，一跳一啄，像经验老到的匠人在检查茅草屋。

偶尔坐在院子里，红耳鹎也不将我放在眼里。在屋顶玩腻了，它就飞到院落西面的厨房屋顶上。那里是瓦房，上面盖着灰不溜秋的瓦片，实在没东西可啄食，它就转动着黑乎乎的眼珠，自个儿鸣叫着，也不管不

顾我的感受。

就在这个时候，又一只红耳鹎翩跹而至。两只红耳鹎落在瓦房顶上，开始打闹，翅膀不时拍打着对方，似乎在争着什么。

也许都是调皮鬼吧，两只鸟在一起也没闲着。打闹了一阵，一只鸟飞走了，落在茅草屋旁的一棵细叶桉树上；另一只鸟自觉无趣，越过屋顶，消失在我的视野里。

红耳鹎跟麻雀一样，都是雀形目，都是喜欢与人"住"在一起的小型鸟类。但是，红耳鹎是鹎科，麻雀是雀科，两种鸟只能算是远房亲戚。

在灵界村时常见到的红耳鹎，如今也会出现在城市里。它们是否也跟我一样"入乡随俗"了呢?

不得而知。

红耳鹎并没有因为深秋而多愁善感，依然是一如既往的快乐，哪怕是在枯树枝上，也乐此不疲地歌唱，声音饱满动听。

　　于是，我停下了脚步，站在木棉树下，静静地聆听红耳鹎的"演唱会"。只见红耳鹎的那一撮鲜红色斑点越发明亮，颊和喉均为白色，而颈侧至胸侧由深褐色渐变至浅褐色，全身色调极为和谐。

　　我终是没有多少耐心，便移动了脚步，一副心事重重的样子。才拐了一个弯，在一棵同样光秃秃的树枝上，又遇见了一只红耳鹎。鸡蛋花树毕竟矮得多，与我的直线距离也近得多。显然，这只红耳鹎已然发现了我，慌张地望了我几眼，愣了一下，似乎是犹豫吧，见我的脚步并没有停下来，于是知趣地往高处飞，落在了另一棵树上，借着叶片藏了起来……

知道小区里住着这么多的红耳鹎，每天清晨醒来，总能从众多的鸟鸣声里找到它，初来乍到的那种陌生感，也渐次消失。

不是吗？人在一个陌生的环境里，总有种种不适。要是遇见熟悉的物和事，哪怕只是一只普通的野鸟，仍然觉得亲切。

这样的感觉，正如我在美国作家约翰·巴勒斯的《飞禽记》一书的封底读到的一首小诗一样：

每只小鸟的内心深处都是一面镜子

当你凝视的时候

会看到温暖的自己

这一番深秋里的温暖，是一只红耳鹎给予的，也是大自然馈赠的。

之所以喜欢红耳鹎，是因为它的羽冠像极了家乡雷剧里的人物之一的黑礼帽，格外威风。

从色彩搭配上来看，红耳鹎也是配色大师。黑色的羽冠，因为有了一处红色的斑点，远远一看，就像红耳朵，特别好认。

有人可能就会问，是不是红耳鹎一出生就有"红耳朵"呢？其实不是，红耳鹎雏鸟的长相和成鸟有很大的不同。

雏鸟出生一段时间后，其头部和背部多裸露着嫩红的肉，但头顶的绒羽却已是一片乌黑。哺育几天后，雏鸟的羽毛渐长且变厚，顶羽长高，两颊的白斑也开始显山露水，尾巴也长长了。

最为明显的一个变化，就是臀部的颜色由淡变深，从浅黄色向橙黄色渐变。待雏鸟眼睛下后方的那一撮红色斑点露出"庐山真面目"后，红耳鹎的臀部也变成了红色。

这个时候，雏鸟已长成成鸟，开始活跃在人类居住地附近，成为我们的邻居。

伯劳：娇小凶狠如猛禽

沿着川流不息的中山五路，一路向东，在一个并不起眼的路口拐进去，便是一片荒地。

周围是高档小区，从阳台往下俯视，荒地里有一片湖水，还有杂草，以及叫不出名字的杂树。荒地的外围用冠冕堂皇的装饰物隐藏着，路过的时候，看到的都是繁华的景象。

恰恰就是这一片荒地，成了伯劳的"屠宰场"。

伯劳的食谱里有昆虫，像蜘蛛、蚱蜢等。但伯劳给世人留下了野蛮的印象，是因为它的食谱里还有小型两栖爬行类动物。

这么说，伯劳也是肉食性野鸟。虽小，却如猛禽，喜欢屠杀动物，战无不胜。

站在荒地的一棵枯树枝上，伯劳粗厚而强壮的喙，在阳光的照耀下，仿佛是闪着光的利器。

隔着栅栏，我定定地观察着伯劳。它的头侧有黑色贯眼纹，两翼及尾巴大部分都是黑色的，头、颈和上背却是珠灰色的，向后至腰部渐转棕黄。显然，这是一只棕背伯劳。

在这座城市里，伯劳是常见鸟，尤其是棕背伯劳偏多，它们时常停在低矮的树枝上，然后突然起身，扑向飞行中的昆虫，百发百中。有时候，棕背伯劳还会在地面勇斗蝗虫或甲壳虫，场面并不惨烈，毕竟这是一场实力悬殊的战斗，伯劳轻而易举就获胜了。

也有红尾伯劳出现在村庄周围。在这座城市里，仍然保存着部分稻田，那里也是野鸟的天堂。无论是红尾伯劳，还是棕背伯劳，它们时常在稻田周围活动。

红尾伯劳的特征更为明显，上体是棕褐色或灰褐色的，眉纹是白色的，宽宽的眼罩则是黑色的，尾巴上覆盖着红棕色的羽毛。

这是午后，阳光慵懒，有些倦者已午休去了，城市似乎也安静多了。低矮的杂草、杂树间，鸟鸣声此起彼伏，一只蚱蜢突然从草丛中飞了起来。

站在枯树上的伯劳无动于衷，也许在打盹，也许在盯着更大的目标，谁知道呢。

就在我的目光追随蚱蜢飞行了一小段距离后，伯劳已飞入树丛里去了。不一会儿，树丛里发出噼里啪啦的声响，好像树丛里有什么正在打斗。

将目光收回来，盯着树丛。那是五月，纵然只是一些杂乱的树丛，但也看不清楚树丛里到底发生了什么，倒是能听到一只麻雀发出凄厉的惨叫声，难道是哪只野猫又馋了？

我不禁纳闷，野猫就像一个惯偷，动不动就躲在

树丛里，或者攀爬在树枝间，偷袭那些稀里糊涂的麻雀或者暗绿绣眼鸟。

树丛里飞起了几只喜鹊，在空中盘旋了几下，然后停在路旁耸立的樟树上，并没有离开的意思。它们似乎也在观察着树丛里的动静，还叽叽喳喳地叫了好几声。

在好奇心的驱使下，我绕着栅栏，找到了荒地的入口，钻了进去。还没等我站定，树丛里便飞起一只伯劳，嘴里还叼着一小撮羽毛，又停在了另一边的枯树枝上。

树丛里不时有麻雀、柳莺和暗绿绣眼鸟等"小不点"叽叽喳喳地叫着，一副不谙世事的样子。这时候的伯劳就像一个冷面杀手，仿佛胸有成竹，并不急着下手。

我似乎又猜错了。

就在我胡思乱想的瞬间，伯劳盯着一只暗绿绣眼鸟追了过去。暗绿绣眼鸟一边鸣叫，一边慌乱逃窜。两只鸟的力量并不在一个水平线上，伯劳很快就叼住了暗绿绣眼鸟，往树丛深处飞去。

也许，伯劳会像往常一样"屠宰"食物。想到这里，我越过栅栏，钻进了树丛深处。

原来，这一片荒地宽敞、明亮。

在一处灌木上，我看到了那只奄奄一息的暗绿绣眼鸟，就这么被挂在树枝上，触目惊心。见我越发靠近它的食物，伯劳不停地鸣叫，也许是在抗议："这是我的战利品，这是我的战利品。"

"你是一个刽子手！"我似乎也低吼了一声，往前又走了几步。

伯劳显然很不满我的"入侵"，但似乎也无可奈何。丢下"战利品"，飞回不远处的高枝上。

那只暗绿绣眼鸟还有体温，显然就是刚刚才失去生命的。

看似不起眼的伯劳，其实是嗜血成性的猛禽。它虽然多以昆虫为食，但同样喜欢食肉。要是追踪观察伯劳，很容易就会发现，它时常追逐小鸟。它用锐利的爪子逮住食物后，多是一招制敌。

待食物因失血而死后，伯劳并不急着狼吞虎咽，而是将食物挂在树上，将毛拔掉，再慢慢享用。

自然课堂

伯劳体形中等，头大，嘴粗壮有力，最明显的特点就是喜欢将食物挂在树枝上，既是展览、炫耀战果，也是它作为"屠夫"的形象写照。

纵然伯劳凶残，但对比高高在上的鹰而言，还真是"小巫见大巫"。毕竟，在生态链上，总是一物降一物的，优胜劣汰，适者生存。

不过，伯劳毕竟是伯劳。到了繁殖期，伯劳会联合同样强悍的黑卷尾一起，在同一棵树上营巢，以共同御敌。显然，这就是伯劳的聪明之处。

鹡鸰：飞行起落有致如流水线

一场夏雨来得突然，去得也突然，仿佛有什么火烧火燎的事，三下五除二，就雨散云飞了。

午间，沿着中山五路走过单位的停车场，右拐，便进入一个开放式的小区。小区旁的医院旧楼，闲置了好多年。院落里的樟树高耸入云，上面栖息着黑卷尾、棕背伯劳，还有长尾缝叶莺……闲下来的时候，我喜

欢站在樟树下，仰着头，透过稀稀落落的枝叶，寻找这些野鸟的身影。

鹡（jí）鸰（líng）是寻不着的，它很少上树，似乎更喜欢大地。我今天要找的，是一只白鹡鸰。于是，我沿着内巷往里走，不远处的地面上，看见白鹡鸰迈着小碎步，急匆匆地走上一段路，然后尾巴一摆，起飞，飞了一段距离，又落下来……

刚刚下过雨，在路面的凹处，积着一些雨水。果然，白鹡鸰的长腿涉进水里，溅起了小小的水花，像一个

调皮的孩子在玩水，故而也叫"点水雀"。

少年时在灵界村，在河岸边，也时常能见到白鹡鸰。它喜欢在水闸口飞来飞去，要是遇见有人在河岸边洗东西，并不会飞离，而是在周围晃荡着，有时甚至跳进水里，用尾巴拍打着水，似乎在学着人们洗东西。

我停下脚步，就这么站着，看白鹡鸰玩水。它的个头也仅仅比麻雀大那么一点点，但一条长长的尾巴似乎就是一只麻雀的身长了。白鹡鸰的尾巴大约就占了身长的一半，所以在视觉上让人觉得，白鹡鸰也是

一只大鸟了。其实不然。

白鹡鸰突然回过头来，见我正盯着它看。许是不好意思，又许是担心被我批评，于是展开尾巴，划动着这支又长又宽的"桨"，一起一落地飞走了。

观察白鹡鸰的时候，很容易就发现，它长长的尾巴能够帮助它在空中平衡、转身、前冲，甚至折返……更为有趣的是，停落的时候，白鹡鸰会连续上下摆动尾巴五六次，人家还以为它是在炫耀尾巴，其实它是在找平衡点。

在靠近水源的开阔地常常能见到白鹡鸰的身影，就连城市里路面上的一点点积水，都能将它吸引过来。它的全身主色调是黑白灰，尤其是脸颊白净，没有贯穿眼纹，很容易辨认。

还有一种山鹡鸰，主要栖息在低山丘陵地带的树林里，尤其是稀疏的阔叶林中更为常见。

灵界村的山坡上恰恰就种着稀稀疏疏的细叶桉树，

山鹡鸰就栖息在这里。有时候，山鹡鸰会飞到草地上来，跟随着牛。牛吃草，山鹡鸰捕捉昆虫，甚至有时候还会落在牛背上，与牛背鹭抢地盘……

　　山鹡鸰也许并不太惧怕人类，它也试图一步一步地靠近人类，或许也能洞察到那些眼里没有恶意的人。于是，我的脚步也越发近了，山鹡鸰也从牛背上跳下来，腾地落在不远处的草地上，抬着眼，打量着我，好像

在说："急了、急了……"

要是仅仅出于好奇心，捕捉一只鹡鸰放在笼里养，那是一种罪过。它决不屈服于一只笼子，要么绝食而死，要么撞笼而死。鲁迅在《从百草园到三味书屋》里就写到了鹡鸰的这个特征：

看鸟雀下来啄食，走到竹筛底下的时候，将绳子一拉，便罩住了。但所得的是麻雀居多，也有白颊的"张飞鸟"，性子很躁，养不过夜的。

没错，"张飞鸟"就是白鹡鸰。它的黑白相间的头颅，怎么看都越发像京剧里张飞的脸谱。

有意思的是，鹡鸰跟鸳鸯、大雁一样，都是"有文化"的鸟，《诗经》里早已出现过。《小雅·常棣》里就有这样的描述：

脊令在原，兄弟急难。每有良朋，况也永叹。

意思大概就是，兄弟间患难与共，彼此手足不分离……古人观察到的鹡鸰，也常有此等情形：一群鹡鸰在山野觅食，一旦有鸟离群，所有的鹡鸰就会发出"急了、急了"的叫声，以呼唤同伴……故而被称为有情有义的野鸟。

自然课堂

　　从分类上来看，原来山鹡鸰不是鹡鸰属，而是单独划入山鹡鸰属，算是有点"特立独行"。这么一看，山鹡鸰跟白鹡鸰也好，又或者是灰鹡鸰，都不是亲兄弟关系，顶多算是远房亲戚吧。

　　一个有趣的特点，就是很多鹡鸰属的鸟都是上下弹尾，而山鹡鸰则是左右晃尾，一下子就区别开来了。

　　若是再仔细区分，其实山鹡鸰的体色和斑纹也是独一无二的，就连它的鸣叫声也很特殊，像拉锯。要是在森林里乍一听，还以为是有人在锯木头呢。

白头鹎：爱学习"腔调"多

总是在群鸟的鸣叫声中醒来，这是我搬到新小区之后的幸福。

窗台外有一棵高耸的木棉树，病恹恹的样子。初冬里，木棉树已落光了叶子。但是，清晨也好，黄昏也好，上面时不时就落着一些野鸟。

窗台边传过来鸟鸣声，要么是红耳鹎，要么就是白头鹎。小区里也有很多的莺鸟，只是它们更多时候会躲在茂密的叶子间，或者藏在低矮的灌木丛里。

这个雀形目的鹎科鸟——白头鹎，并不嫌弃光溜溜的树枝。它站在枝头，尽情地唠叨，似乎总有说不完的话，简直就是一个典型的"话痨"。

听多了，就知道白头鹎的音节很单调。到生殖季，雄鸟尤其善鸣。

之所以有不一样的鸟鸣声，是因为白头鹎爱学习。它居然会说好几种"方言"，白头鹎喜欢学习其他鸟类的声音，或者模仿，或者窜改，变成自己的"腔调"。

白头鹎虽然爱学习，却并不专注，学着学着，就跑了调。于是，来自北方的白头鹎和常驻于南方的白头鹎，往往都有不同的"口音"。

虽然声音单调，但是这并不影响白头鹎爱说话的喜好。天迷迷糊糊的，才露出一点点光亮，它就开始勤勤恳恳地鸣叫了。这么唠唠叨叨，加之头顶的那一撮显眼的白色体羽，难怪有了"白头翁"的雅号。

　　一个晌午，我在小区里漫无目的地闲逛。那棵移植过来的木棉树，似乎还没有适应城市的生活，一副心事重重的样子。早春都来了，本是木棉花盛开的季节。岭南地区有句俗话：木棉花开，冬天不再来。可是，这棵木棉树却未曾开过一朵木棉花，落寞地立在小区里。

一阵婉转的鸟鸣声从树上传来，抬头一望，原来又是白头鹎。它单独站在一根横斜出来的枝上高声鸣叫，居然绘声绘色地唱出了动听的腔调。

原来，白头鹎是在深情地唱着情歌呢。要知道，一到繁殖期，白头鹎就一改往日随意歌唱的习惯，努力将歌声唱得婉转些，更婉转些，以吸引雌鸟的注意。

果然，没过多久，另一只白头鹎飞了过来，站在同一根枝头上，也跟着唱了起来。这一番一唱一和，

估计是在对唱情歌吧。

其实，我早就留意到了，城市的白头鹎随处可见，比麻雀还要多。白头鹎的适应能力似乎更强，更适应于喧嚣的城市，食谱也更杂，自然也就不那么挑剔了。

这些随处可见的白头鹎是乐天派，三五成群，叽叽喳喳地叫个不停。就是有人站在树下，它在树上也不惧怕，依然唱得陶醉，有时候还停下来，歪着脑袋，瞅着你，仿佛在问："我唱得好听吗？我唱得好听吗？"

真是哭笑不得。

我怒目圆睁，白头鹎却摆出一副调皮鬼的模样，继续瞅着。我大吼一声，白头鹎似乎受到了惊吓，嗖的一声，飞走了。

我的目光追了过去。

这个调皮鬼原本是平行飞行，突然拔高，往高处一冲，在半空中还打了个旋，显然是在我的面前炫耀它的飞行技术。

这还不够。

白头鹎居然追着一只同样在飞行的蝴蝶，一下子就将蝴蝶叼住，落在不远处的低矮的灌木丛上。

我的脚步也追了过去。

白头鹎咬住了蝴蝶的躯干，甩个不停。这时候的蝴蝶要么晕头转向，要么奄奄一息。只见白头鹎扬起头，一下子就将蝴蝶吞了下去。

停在灌木丛上的白头鹎又用眼睛瞅着我，似乎在

说："美味极了，美味极了。"

白头鹎最喜欢的一招，就是在飞行中捕食了。那些飞行的昆虫，一旦被白头鹎撞见，大多是凶多吉少。除了昆虫，白头鹎的食谱里还有树枝上的嫩叶，以及花瓣、水果等。

记得住在旧小区，阳台上种着一棵火龙果，一到夏天就结了果。一家人都迫不及待地等着果实成熟的那一天。

突然，一只白头鹎飞了过来，对着果实三下五除二就啄个不停。

"坏了，坏了！"正在客厅看书的我一抬头，就发现了"作案者"，于是大吼一声。白头鹎似乎还装得若无其事的样子，抬头望了我一眼，才转头飞走了，落在二楼邻居露台的树上。

这个调皮鬼，真是拿它没办法。一天又一天过去了，火龙果的"伤口"一天比一天大。显然，那是白头鹎干的。

自然课堂

白头鹎是雀形目鸟类，成鸟额部到头顶皆为黑色，眼后有一白色斑向后延伸，比较容易辨认。

需要注意的是，白头鹎幼鸟并没有"白头"。后脑勺的羽毛是成年后逐渐长出来的，由墨绿色逐渐变为白色，"白头翁"这个名字由此而来。

白头鹎是岭南地区常见的留鸟，多在林间跳跃，一般不会长距离飞行，也较少在地面活动。

乌鸫：漫步草地如"忧郁王子"

乌鸫，乌纲，鸫科。鸫科的鸟是中小型鸣禽，善于在地面跳跃或奔跑。当然，歌唱是它们明显的特征之一，广布于全球，品种繁多。

我所在的城市，时常见到的是乌鸫。它无时无刻不披着一身黑色的体羽，漫步在草地上，哪怕是下雨了，依然悠然自得地闲逛。

　　"哇，乌鸦！"总有人将乌鸫当成乌鸦，谁叫它们都是碳一般的黑呢。

　　乌鸫雄雌都是通体黑色，能够让它们从黑色系里脱颖而出的，是金色的眼圈，以及黄色的喙。

　　乌鸫漫步的样子，像极了心事重重的我。有一段时间，我总会莫名其妙地陷入无边的迷茫里。于是，到紫马岭公园里闲逛，去遇见一只又一只这样或那样的鸟，成为我驱赶忧伤的方法。

　　乌鸫的忧伤来得快，去得也快。你看，它从草地上一跃上枝条，就开始扯开喉咙歌唱了。

　　此时，茂密的枝叶里传来鸟翅膀拍打枝叶的沙沙声，原来是另一只乌鸫赶过来了，它们要合唱呢。

　　两只乌鸫站在斜出来的枝条上，无所顾忌地唱着歌，在这样的冬日暖阳下，像一条音乐的河流，潺潺流淌，快乐无边。

　　立定，我就这么站着听乌鸫歌唱。它们用歌喉一遍又一遍地展示着并不算悦耳的"咕噜声"。这有什么关系呢？只要快乐，就应该歌唱。纵然不够生动，却能够愉悦自己，不是挺好吗？

　　我情不自禁地也和了几声。乌鸫有点愕然，停顿了一下，显然是发现了我，似乎是有点不好意思。其中一只率先动了身，飞走了；另一只赶紧追过去，它们还在空中打闹了一下，然后迅捷地俯冲着，钻进了茂密的灌木丛里。

我才走出几步，便发现斜坡的草地上，又有一只乌鸫在漫步，一副优雅的样子。其实，乌鸫就连啄食一条虫子的样子，似乎也彬彬有礼。

　　也许，乌鸫在草地漫步的时候，压根就不是漫步，而是在寻找食物。只见它走走停停，停下来的时候，也是笔直地站着。之后便低下头，用喙往草地里挖。

　　我并不想打扰它，只好与乌鸫保持着一定的距离。它似乎提防着我，每挖一下，就抬起头来看我。见我一直站着不动，它似乎放松了警惕，于是继续挖下去，仿佛越挖越兴奋，并且不时发出鸣叫声。

　　也许，此时的乌鸫早已将我抛到了九霄云外。没多久，乌鸫从小洞里揪出了一条肥硕的虫子。

　　果然，乌鸫的鼻子灵着呢。

　　在公园里，在小区里，我总能看见乌鸫的身影。显然，它也是城市里的常见鸟，与人极为亲近，仿如这里的"主人"。

更有意思的是，乌鸫的巢有时候就搭在城市景观树上，树下车来车往。说不定，乌鸫一边孵蛋，一边"数"汽车呢。要是汽车在红绿灯前停了下来，乌鸫也并不惧怕。

　　也许，乌鸫比任何的鸟类都清楚，绿灯一亮，这些车辆就会启动，缓缓驶离它的领地……因为，这里是属于它的，属于自然的，属于世界的。

自然课堂

　　乌鸫有"百舌鸟"的称号，不仅喜欢鸣叫，而且还喜欢模仿其他鸟鸣的声音。更为神奇的是，乌鸫在不同的情境下，会发出不同的鸣叫声，有时像笛声，有时像箫声，而且不同的叫声代表了不同的意思。

　　说乌鸫是全球性的鸟类，一点都不假。它还是瑞典的国鸟，被印在邮票上，到处发行。

　　在西方，乌鸫时常出现在文学作品里。而在中国，唐代诗人王维就写过一首《听百舌鸟》的诗。

大山雀：靠声音"占地为王"

我尚在被窝里，迷迷糊糊间，大山雀就开始在窗外鸣叫了。叫声渐次变得尖锐，像连续的双音节或者多音节，仿佛在说："快起床，快快起床……"

我喜欢这样的清晨，也喜欢这样的鸟鸣声，纵然急促，却也清脆，且带着一番甜味，总让人觉得，美好的一天又开始了。

  少年时住在灵界村，大山雀一叫，母亲总会说："锯子磨石了……"这么一说，大山雀有时发出的声音似乎不太好听。如此刺耳的声音，想必是它在捣蛋的时候发出来的吧？

  要知道，大山雀在动情鸣叫的时候，声音还是蛮亲切的。也许，此时的大山雀是在恋爱期。要是到了繁殖期，它的声音就会变得急促且多变。

  大山雀总是在枝叶间跳来跳去，像个精力旺盛的调皮鬼，没一刻能够停下来。有时候，站在树下盯着它，总是追不上它的身影。但是，大山雀有时候又似乎知

　　道你在盯着它，于是，它就停下来那么几秒钟，高高在上地跟你对视，脑袋往左边歪一下，又往右边歪一下，仿佛在说："我是不是很可爱……"

　　有点哭笑不得。

　　偶尔也有一种像工人伐木的声音传过来，在灵界村安静下来的时候。清晨的村庄，总会闹腾一阵子的。鸡出窝觅食，牛出栏低吼，还有人们喧嚣的喊叫声……很快，乡亲们上田干活了，鸡也好，狗也好，全撒欢去了。

　　此时的村庄，仿佛正在演奏的一段激昂的音乐戛然而止，静得出奇。那只"木工鸟"不合时宜地将"乐声"接了起来。

没错，那只"木工鸟"就是大山雀。

大山雀的声音可不止一种。那些长期聆听大山雀鸣叫的人会发现，它的鸣叫声多达几十种，想必它在鸟界做声音"模仿秀"，谁也不敢抢它的风头。

即使在川流不息的城市里，也能听到行道树上大山雀发出的声音。这种如金属般的声音，要是静下来细听，还以为是给汽车轮胎打气时发出的声音呢。

无论何时何地，大山雀依然叫得欢，声音此起彼伏。显然，它也不是漫无目的地乱叫。有时候，大山雀用不同的声音鸣叫，只是为了迷惑竞争对手，让对方误以为这个区域有好多鸟，最好"绕道而行"。

这是大山雀占据地盘的小把戏。

每只大山雀都是顽皮的小精灵，它有时候悬挂在树上，远远一望，还以为是一片摇曳的树叶。才刚刚走近几步，它就跳开了。脚步追着过去，大山雀已经跳到另一棵树上了，很快就消失在茂密的枝叶间，寻不着影了。

才安静几秒，大山雀的歌声就传了过来。它实在太活泼了，胆子也不小，总是一副忙碌的样子。似乎每一棵树都令它流连忘返，于是难以见它安静下来的样子。

要是遇上了大山雀抢地盘，倒是能见识到它的"安静"。

大山雀站在一棵高高的枯树枝上，斜着左耳，努力在聆听着什么；一会儿，它又换右耳聆听。

也许，大山雀已经捕捉到了敌情。于是，它扯开喉咙，响亮地叫着，仿佛在喊："这是我的地盘，这是我的地盘！"

要知道，大山雀的领地意识跟孩子们一样强烈，绝不允许别的鸟类侵入它的地盘。有趣的是，大山雀也只是"动嘴不动手"，声嘶力竭地鸣叫一段时间后，如果敌人还不识相地离开，它就会换不同的声音来捍卫主权。

也只有在这个时候，大山雀才静静地立在原地。它的羽冠因鸣叫而竖起来的样子，像极了怒发冲冠的孩子，有点滑稽，又有点可爱。

不得不承认，大山雀的样子还是蛮可爱的，身子圆嘟嘟的，小脑袋黑黑的，要不是脸颊两侧各有一处大白斑，估计脑袋上的黑色也将它黑黝黝的眼睛掩盖了。不过，大山雀的胸腹部上面绕着一条黑带似的纵纹，一直延伸到腹部，仿佛在白衬衣上系了一条黑领带。

　　这么一说，只要瞧见大山雀黑色的羽冠和白色的脸颊等，大概就不会认错了。

自然课堂

大山雀喜欢集小群活动，于树林和灌木间跳跃，且好奇心特别强。要是林间有什么风吹草动，大多数时候，大山雀都是第一个跳出来看个究竟的。

大山雀还有惊人的记忆力，这一点，许多鸟都望尘莫及。它能将种子和其他食物藏在几千个不同的地方，一段时间之后，依然清晰记得藏物处，不至于饿着。

长尾缝叶莺：缝叶为巢妙不可言

一阵又一阵鸟叫声，从密不透风的灌木丛里传了
过来。我停下了脚步，侧着耳聆听，始终分辨不出，
这到底是莺的叫声，还是暗绿绣眼鸟的叫声。

需要耐心。

于是，我站定，并且尽量让自己不发出任何声响。
此时，树叶在风的吹拂下，摇摆不定，总会牵引着我左瞧瞧，右看看，结果仍然一无所获。

安静了片刻，声音再度响起，并且伴随着翅膀拍打树叶的细微声音，我的目光随着声音传过来的方向追了过去。

终于还是露出了真容。

一只"小不点"，跳上了一根横斜逸出的枝条上，

眼睛骨碌碌地转。我定睛一看，棕色的顶冠，腹部颇多的白色，精巧而优雅。

可能是一只柳莺。

莺鸟实在多，而且是野鸟中非常难以辨认的物种。是黄眉柳莺，还是黄腰柳莺，又或者是栗头鹟莺，我一时还是有点稀里糊涂，实在无法定论。

需要耐心。

于是，我按兵不动，借助一片杂树的叶子，将大半个身子都挡住了。

"小不点"并没有发现我，这让我有点得意，为自己的"隐身术"而窃喜。

这时候，它将尾巴竖起来，像一把参差不齐的刷子，摇了摇。尾羽显然有点过长，呈棕褐色。

凭借尾巴向上翘的动作，加之这般似曾相识的模样，我基本可以判断它就是长尾缝叶莺。

中山大学的木也老师在《飞鸟物语：与46种鸟儿

的相遇》一书里，详细记录了长尾缝叶莺的特点：

　　长尾缝叶莺的尾巴能说出它的所有情绪。高兴时，尾巴竖起来。生气时，尾巴竖起来，垂直于地面。心仪的人儿出现了，尾巴竖得高高的，如一张饱满的船帆，随时可扬帆出海，伴随着一阵快乐的叫声。

　　长尾缝叶莺多见于稀疏林、次生林及林园。每每

在这些场合，总能轻而易举地看见它在跳，在叫，一刻也停不下来，足够活泼，又足够灵巧。大多数时候，长尾缝叶莺总是一边跳跃，一边发出刺耳的尖叫声。

纵然隐匿于林下层，又多是在浓密枝叶的覆盖下，它的鸣叫声也会将它们的行踪暴露出来。偶尔，一些饿极了的野猫，便随着鸣叫声过去，将它捕获。

除了身体小，长尾缝叶莺的胆子也很小。无论是遇到野猫，又或者是凶恶的伯劳，长尾缝叶莺都会赶紧逃命。

往往是刚刚"虎口脱险"，长尾缝叶莺转眼就忘了刚才的险情。于是，它又快乐地跳跃，快乐地歌唱，好像刚才什么都没有发生过。

像一只不知疲倦的歌者，长尾缝叶莺不但在清晨歌唱，而且在黄昏歌唱。或饮于甘露，或醉于夕阳。

其实，长尾缝叶莺最为典型的特征，还是它出色的营巢技术——缝叶为巢。这个营巢大师的神奇之处，就在于它能够借助两片树叶，用枯草或者细线，将叶片细细地"缝"起来，再在里面铺上树叶、棉絮，或者羽毛，便成了巢。

有意思的是，它们营巢选择的是叶片的背面，四壁透着天然的绿意。这样的选择，似乎在人们的视觉盲区。它躲在巢里孵蛋，喂养雏鸟，安然自在。

这么一看，可不能小瞧长尾缝叶莺。它的聪慧，显然不止于让两片叶子"鲜活"起来，还灵巧地躲过

了世人的目光，让巢里的生命延续，在世界留下了欢

愉的歌声。

自然课堂

　　长尾缝叶莺的蛋跟"恶鸟"大杜鹃的蛋极为相似。那个时常干着"狸猫换太子"勾当的大杜鹃或许看中的就是这一点，于是，时常偷偷将自己的蛋下在长尾缝叶莺的巢里。显然，这是在巢里埋下了"定时炸弹"。

　　往往大杜鹃的雏鸟先于长尾缝叶莺的雏鸟出生。大杜鹃的雏鸟也是"恶鸟"，才出生没多久，就会粗鲁地将同巢的长尾缝叶莺的蛋挤出巢外。哪怕是长尾缝叶莺的雏鸟，有时候也难逃厄运。

　　最可悲的是，长尾缝叶莺还被蒙在鼓里，天天不辞劳苦地外出捕食回来，喂养别的雏鸟，浑然不知自己的孩子已被扼杀了。

小䴙䴘："趴"水面像"葫芦"

像潜水的小个子那样透过浪花瞥了一眼，

看见有人张望，就又钻入了水底……

这是莎士比亚笔下的小䴙（pì）䴘（tī），像
个调皮的孩子，似乎是在跟岸上的人玩游戏。我见过
的小䴙䴘，大抵也有这样的习性，远远看见它在湖里

优哉游哉的，赶到岸边的时候，它便潜入水里，再也找不着影；就在转身欲离开时，它又在另一片水域探出头来……

小䴙䴘有着"眼白"似的小眼睛，"趴"在水面上，宛如浮沉的葫芦，所以被人们称为"水葫芦"。

"水葫芦"的名字，倒是很专业的称谓。而小䴙䴘在水面上游弋时，像极了水鸭子，时常听到有人喊："看，那里有一只水鸭子。"

其实，鸭子的嘴是扁扁的，而小䴙䴘的嘴却是尖尖的，仅凭这一点，就能区别出来了。可是，还是有人愿意叫它"水鸭子"。

要是小䴙䴘趴"在水面上，翘起蓬松的尾羽，转动有点呆萌的眼睛，你实在猜不透眼里的内容，似乎有点狡黠，又有点警觉。

这么一看，少年时在灵界水库里见到的"水鸭子"，原来是小䴙䴘。这一错，居然错了好多年。

　　从每年的二月下旬开始，小鹏鹇开始脱下沉闷的"冬装"，逐步换上明丽的"春装"。这样的"换装"习性，与大树换装，与季节轮回，何曾不是一样的道理呢。大自然的神奇，有时候就写意在一片鸟羽上，又或者藏匿于一片树叶间。

　　到了三月下旬，小鹏鹇的"换装"基本完成，像一棵大树，经历了冬的光秃秃后，此时已是春的绿葱葱。这时候的小鹏鹇，也出落成一只"美鸟"，颈部呈现出一圈暗红色，像镶着一些金属片；喙的基部还有显眼的斑点，仿佛是被人抹上了荧光漆。与秋冬时节平淡的棕色或浅黄色的羽色相比，春夏时节的小鹏鹇，像一个待嫁的姑娘，炫目而带有光环。

没错，这时候便是小䴙䴘的繁殖期。要是稍微留意，站在湖岸边，或许总能听到一阵阵嘶鸣声。那并不是昆虫的鸣叫声，而是行踪隐秘的小䴙䴘在宣示领地的示威声。

"一山不容二虎"。其实，在小䴙䴘的世界里，有时候，"一湖也不容二鸟"。于是，就连一片小小的湖面，有时候也会弥漫着看不见的硝烟，且动不动就发生战争。

有意思的是，小䴙䴘在打架前，有时候也像人类一样，先动口，制造一点声势，或为壮胆，或为吓唬。

声势并不奏效的时候，就发动进攻了。只见一只小䴙䴘冲过去，动嘴是必然的。用尖嘴拼命地啄对手，

有时候嘴与嘴还咬在一起，翅膀拍打着水面，水花乱溅。

在湖里打架，简直就是乱战。水花四溅的时候，根本分不清彼此，水花声、嘶鸣声，一声高过一声……"躲"在岸边不远处的我，盯着湖面，似乎也分不出谁输谁赢。

一阵过去了，只见一只小䴙䴘落荒而逃，另一只小䴙䴘便是赢者，得意地扬着头。看来这种粗短又矮小的小游禽，也不是好惹的鸟。

宣示了自己的领地，小䴙䴘很快就觅得伴侣，然后一起营巢。它们以湖为家，临水而居，一边是湖水，一边是草丛或者是芦苇。将巢搭在隐秘的草丛里，那里是漂浮的平台。水草搭起来的巢，并不精致，漏风漏雨的样子，小䴙䴘将蛋下在里面。

有时候会发现，小䴙䴘伏在蛋上面，兢兢业业地孵蛋。一段时间后，小䴙䴘也许是饿了，想要外出觅食，于是就将水草盖在蛋上面，似乎是要将蛋隐藏好，以躲避捕食者。

蛋上面已经盖了一层又一层的水草，小䴙䴘似乎还是不放心，警觉地左瞧瞧，右望望，待确认安全了，才悄然从巢里钻进水里，离巢而去……

小䴙䴘的雏鸟常常会在春天快结束时出壳。一只又一只雏鸟吵闹着，向父母索要食物。小䴙䴘夫妇一个负责外出捕食，一个负责照看。要是遇上险情，雏鸟就躲在父母的翅膀下，由父母掩护着，逃离旧巢，再也不会回来。

自然课堂

　　小䴙䴘"换羽"的习性。换羽前后，变化很大。尤其换上"冬装"的小䴙䴘，它的喉部和前颈偏红，头顶及颈背呈灰褐色。这时候的小䴙䴘，跟灵界村的鸭子极为相似。

反嘴鹬："刀锋战士"有点"逗"

　　一只反嘴鹬（yù）正在崖口村的一块湿地里，一边走，一边用长长的喙在水里划动。这般样子，有点像盲人拄着拐杖在探路。

　　其实，反嘴鹬不是在找路，而是在找食。黑色的喙细长细长的，又反翘着，看似细若游丝，实则锋利如剑，简直就是鸟界的"刀锋战士"。

在鸟界，嘴巴反翘的鸟极少。即使在鸻（héng）形目里，大多数鹬鸟的嘴巴也是向下弯曲的，就连翘嘴鹬，也只是微微向上一翘，并无反翘。

嘴巴向上反翘的反嘴鹬，大概看见一次，就会记住了。我记得，第一次见到反嘴鹬，就一直惊叫："这种鸟，太逗了，太逗了。"

定睛一瞧，反嘴鹬的体羽黑白分明，其中，黑色从头顶延伸至后颈，有黑色的翼上横纹及肩部条纹，衬托着身体其他部位的白色，格外鲜明，仿佛就是江湖上戴着黑色的面具和黑白相间的斗篷的"武林高手"。

反嘴鹬的尖喙在水里划动了一阵，很快就夹起了一条小鱼。小鱼在喙尖挣扎，我甚至有点替反嘴鹬担心：这么长又这么翘的喙，能夹得住拼命挣扎的小鱼吗？

恍惚间，反嘴鹬已扬起头，将小鱼往嘴里一送，整个过程如行云流水般，干净利落。

作为与湿地紧密联系的中型涉禽，反嘴鹬主要栖息在湖泊、沼泽地。在这座南方的城市里，反嘴鹬并非留鸟。只有天凉的时候，它才千里迢迢从北方南迁，路过此地，停歇几天，休整一下，补充能量，便又启程，

一路向南，往更远的南方迁徙。

这个"过客"的体长不到半米，常营巢于湖边或者沙地。这里的夏天，反嘴鹬是难得一见的，自然更是难以见到它们的巢。

我也曾经见过成群的反嘴鹬，翻飞在田野的池塘上空。在崖口村，虽地处珠三角，但这里仍有大片的农田。农田里，三五步就有一汪池塘。人们正在这些池塘里养鱼。池塘周围时常栖息着一些涉禽或游禽。

结成群的反嘴鹬飞翔时，每一只鸟的黑色头顶和黑色翼尖，以及背部的"黑丝带"，在白色体羽的映衬下，简直就是一幅灵动的田野水墨画。我时常站在田野上，静静地欣赏这样的画面，就像少年时，站在灵界村的旷野上，思索一个孩子的未来。

跟黑翅长脚鹬同属反嘴鹬科的反嘴鹬，时不时也会混在黑翅长脚鹬中。虽然它们的腿都很长，都像踩着高跷在水中行走，但反嘴鹬则显得更安静，一副守护者的模样。

调皮的黑翅长脚鹬有时候跳起了舞蹈，反嘴鹬似乎并没有参与其中，只是和着舞步，鸣叫几声，算是一种回应吧。

跟大多数的鸟类一样，反嘴鹬也是一种相当有母爱的鸟。

在雏鸟出生后，反嘴鹬妈妈时常"跪"下来喂食，

纵然有"腿太长"的缘故，但更多的是母爱使然吧。

偶尔还能看到，反嘴鹬妈妈有时候会撑开翅膀，让雏鸟钻到翅膀下，躲避风雨。

跟小䴙䴘裹挟着雏鸟潜入水里逃跑不同的是，反嘴鹬妈妈遇见敌情时，完全是另一种"护宝法"，更显出母爱的伟大。

大抵的情形是这样的：反嘴鹬妈妈近距离遇见了人，它不但没有带领雏鸟逃跑，反而扔下雏鸟，朝人

奔过来。眼看着越来越近了，它突然耷拉着一边的翅膀，拖在地上，露出凄切的神情，完全是一副受伤的模样。

此时，不远处的雏鸟慌张地往另一个方向逃跑，头也不回地消失在人们的视野里。

正疑惑间，反嘴鹬妈妈突然扇动翅膀，起身飞行，往另一个方向飞去，同样消失在人们的视野里。

这可能就是反嘴鹬伟大的母爱吧！

自然课堂

　　鹬鸟属于鸻形目，也是湿地的"晴雨表"。这个目的鸟有涉禽、游禽，包括多个类群，形态变化多样。

　　这个目的鸟喙型从粗短到细长，从反嘴到勺嘴，真是变化多端。当然，最好认的，无疑就是反嘴鹬了。

　　同样，鹬鸟也是非常漂亮的鸟类，它们有一个共同的特点，就是都有细长的腿，简直是鸟界的模特代表。

黑水鸡：体色是典型的"三色系"

南方的初冬。

早晨的第一缕阳光照射下来的时候，湖面就泛起了闪闪的金光，绿色的浮萍上像铺着一层又一层的金毛毯……

黑水鸡就是这个时候出现在浮萍上。

这一片长满了水杉和野草的湖，正处于城中央。

以湖为中心，圈起来一大片草地，因地制宜地建成了城市公园——得能湖公园。

公园中央的湖，草木繁茂，湖面上绵延着一片又一片的浮萍，上面的嫩叶绿葱葱的，虫子肥硕又活跃。草木于鸟而言，是食物，是家园。

这些年的冬天，似乎一年"暖"过一年，四季分明的概念越发模糊，人们的嗅觉也越发麻木。我开始有点焦虑，焦虑于生活的困顿，也焦虑于未来的迷茫。

幸好，身边的大自然总能让我安静下来。比如，一只黑水鸡在浮萍上来回折返，低头寻觅，似乎是在告诉我：人生总是要不断地寻找……

站在湖边，我总喜欢盯着这些鲜活的生命。

"爸爸，湖面上有一只'黑鸭子'。"孩子显然也看见了黑水鸡。

"不是'黑鸭子'，那是'黑水鸡'。"我哑然失笑。

"不对！鸡怎么能游泳呢？明明就是'黑鸭子'。"

孩子说得斩钉截铁，将小脸蛋扬起来，一副不容置疑的模样，像极了小时候的我。

　　黑水鸡是一种中型涉禽，是水鸟，不是鸡，更不是鸭子。

少年时在灵界村，水库里时常有黑水鸡出没。所有的孩子都叫它"水鸭"，而不是"水鸟"。有时候，黑水鸡喜欢跟岸边的我开玩笑，总在不远处，扬起亮红色的前额，盯着我。

我是一个"旱鸭子"，根本不敢下水。黑水鸡见我无动于衷，似乎也觉得无趣，就调转身体，游到了开阔的水面，尾巴下意识地轻轻一翘，露出两个扎眼的白斑。

黑水鸡并非纯黑色的体羽，它的背部其实偏于褐色，两肋间还有白色的横斑，连同红色的嘴，组合成典型的"三色系"。

大多数的水鸟都喜欢开阔的水域，而黑水鸡却不一样，在营巢繁衍的时候，似乎显得随意了一点。我时常会在灵界村小小的池塘边上，找到它们的巢：露天而建，并不隐蔽，而且粗糙得很，只是用一些枯枝和枯草简单围成一个碟形或杯形的巢。

巢里恰好有两枚蛋，站在岸边都能清晰地看到，这些蛋呈椭圆形，多为乳白色，上面布满了褐色的斑点。

小时候，我就开始杞人忧天了。要是下雨了，露天的巢，岂不将这些鸟蛋淋坏了？

小雨下个不停，我冒雨走到池塘边一看，居然发现黑水鸡顶着一个蓝色的塑料袋，正趴在巢里，真是够滑稽的。

待到雏鸟出生时，黑黝黝的茸羽，像个黑色的小刺球，加之额头那里像长满了"瘌痢头"，实在难看，

怎么也无法跟"黑珍珠""黑玛丽"般的成鸟相提并论。

　　这类水鸟，其实都不太善于飞行。大多数的时候，我看见它们要么在浮萍上漫步，要么在水里游弋。要是遇见危急的事，黑水鸡在慌乱间，就扑腾着翅膀，脚拍打着水面，助跑一段距离后，才起身飞行。但是，它的双腿好像很重，下垂着，所以飞行的速度并不快，也飞得不高。其实，还没飞出多远的距离，它又落了下来，贴着水面，匆匆忙忙地钻进草丛里。

留意黑水鸡的声音，也是很有意思的。它时常发出像鸡一样的叫声，但显然比鸡昂扬的叫声低沉多了。要是将它的声音"串"起来，那一定是一段低沉但并不浑厚的乐曲。除非它遇见了敌情，迫不得已地发出短促而有爆发力的叫声，那或多或少算是有一种浑厚的成分吧。

自然课堂

　　黑水鸡多栖息于灌木丛、蒲草或芦苇丛里。这些地方多为天然的或人工的淡水湿地。它常以水草、小鱼虾和水生昆虫等为食。

　　黑水鸡多为留鸟，也是全球性的水鸟，分布广泛。

　　千万不要再将黑水鸡叫成"黑鸭子"了，更不要把它当成鸡。它是货真价实的野鸟。

白鹭：时常保持优雅的姿态

稻田里正好有一个木桩，也许是人们插在那里，要编织一个稻草人，以期在六月前，吓唬吓唬那些叽叽喳喳的"盗贼"——麻雀。

木桩孤零零地立在那里有些日子了，就连一只白鹡鸰都没有正眼看过它。我大抵也不会对一个木桩抱什么兴趣。于是，我牵着黄牛，一次又一次漠然走过。

　　白鹭停在木桩上，似乎一下子就不一样了，就像在沉闷的褐色色盘里，洒了一条雪白的线，一切都灵动了，甚至飘逸了起来。

　　白鹭似乎像是睡着了，身体笔直，一只脚立着，长长的颈项屈曲下来，贴着胸和腹，呈现出弯曲状。尖尖的喙垂了下来，它似乎在想些什么。

　　是的，这是白鹭在睡觉。大多数时候，它单腿站着休息，代替了睡觉。我的目光停在了它的细腿上，长长的，像在踩高跷。

　　在稻田边上，有一片滩涂，在那里时常能见到白鹭的身影。捕食时，白鹭像踩着高跷，用双腿在浅水里划来划去。此时，水渐次变得浑浊，尖喙就在双腿之间，它追赶着一条乱窜的小鱼，或者一只糊涂的青蛙。一旦接近目标，尖喙突然刺向猎物，简直就是一把利剑，谁也逃不掉。

　　与捕捉动作的犀利不一样的是，白鹭此时并无狼吞虎咽之态，而是优雅地将食物抛进嘴里，扬起 S 形

的颈部，再吞进喉部，继续闲庭信步，时刻保持着优雅的姿态。

正因如此，白鹭每次出现在人们的视野里，总是令人为之一振。它的体羽如雪一般洁白，扇动宽大的翅膀在眼前翻飞时，让人情不自禁地想起唐代诗人杜甫的《绝句》：

两个黄鹂鸣翠柳，一行白鹭上青天。
窗含西岭千秋雪，门泊东吴万里船。

也许，白鹭足够谨慎。我正尾随着黄牛，一步一步往滩涂边走，它就起身，东张西望。也许是早就发现了我，一下子就扇动着翅膀，飞走了。

刚开始，白鹭的动作并不灵活，甚至有点笨拙，双腿悬着，像沉重的负担。当升到一定的高度后，白鹭的动作明显灵动多了，也自如多了。此时，它的双腿伸直，超过了尾巴，翅膀也有旋律地扇动着，划过天空，仿佛一只精灵在舞蹈。这一番景象，如水墨画里的南方田园，静穆又空灵。

记得有一次去看鸟，船行碧波上，渐次往湖的深处走。湖岸边，水草繁茂，几只柳莺鸣叫着，跳上跳下。一只棕背伯劳也许是吃饱了，立在一棵枯树枝上，似乎是在打盹。

"白鹭！"船上传来叫声，一船人都骚动起来。抬头一望，独木成林的榕树上，栖满了鹭鸟。仔细一看，大白鹭最多，小白鹭次之，还有几只草鹭。它们硕大的身子就压在细细的树枝上，树枝往下一沉，倒也撑

住了。

此时正值黄昏，夕阳西下，鹭鸟归巢。船从它们的身边穿过，大家纷纷举起了手机，拍个不停。白鹭扬了一下头，望了过来，并没有作势要跑的意思，想必是"习惯"了。

不知道是谁恶作剧般发出一声怪叫，几只白鹭也许是受到了惊吓，扑腾着翅膀，飞了起来。不远处，又有一群白鹭归来，混在一起，一时竟分不清彼此。只是，白鹭在空中盘旋的画面，以及在枝叶间起起落落的场景，始终深深地刻在我的脑海里。

这般"小鸟天堂"，这般诗情画意，就像宋代诗人徐元杰的《湖上》一样美好：

花开红树乱莺啼，草长平湖白鹭飞。

风日晴和人意好，夕阳箫鼓几船归。

自然课堂

　　白鹭有"覆巢"的习性。这种习性，就像母鸡在小鸡长大一段时间后，开始啄赶小鸡一样，都是一种母爱。

　　观察到的情形大概会是这样：雏鸟在巢里生活一个多月后就开始试飞，成鸟此时就会将鸟巢掀翻，不让雏鸟归巢，让它们开始自立自强。

后 记

我的自然文学写作之路

应该说，出生在雷州半岛的孩子，或多或少都懂得"雷"的脾气。这里三面环海，多吹亚热带季风，雨不多，甚至一到秋冬季就缺雨。要是遇上打雷，雷公就会贴着地面滚呀滚，震耳欲聋，像放在地面上被点着的鞭炮一样，响个不停。

客观地说，出生在灵界村的孩子，或多或少都有一点"雷"的脾气。也许，真的是"一方水土养育一方人"，我大抵就是这样的孩子——像"雷"一般的急躁，像"雷"一般的暴烈，像"雷"一般的冲动。

这是自然的底色，造就了我"雷"一般的习性，也培育了我"雷"一般的秉性。于是，我越发喜欢"雷"，喜欢自然。

记忆里，灵界村绿树绕村，群鸟翻飞，举目之处，皆为自然。少年时，日子虽贫穷，心灵却是富足的。因为能够与大自然亲密接触，这本身就是一种幸福。

赤脚跑过茫茫的山野，随手可摘山捻果，下河摸鱼虾，甚至可以挥着锄头去追赶一只野兽……这样的自然图景，一直蕴藏在我的心灵深处，自然而然，滋润了我的写作。

也正因为如此，当我系统地为孩子们创作自然文学时，仿佛一条鱼游回到了水域，一下子就打开了自然的大门。这样的感觉，就像故乡迎接一个游子般亲切而激动，温暖而感动。

自然儿童诗领我走进自然文学之门

清楚地记得，2012年前后，我陷入一种职业的厌倦。这种厌倦像河水翻滚过来，随时可能将我淹没。我恐惧，我慌乱，我逃避。

虽然雷州半岛三面环海，且灵界村还有一座清澈的水库。一到夏天，水库里总有孩子像鱼一样游来游去，可是，笨手笨脚的我始终没有学会游泳。水一来，我就像一只旱鸭子，嘎嘎地乱叫，扑腾着沉重的"翅膀"，四处逃窜。

那一年，我的感觉就是自己变成了那一只旱鸭子，拼命逃窜，何去何从，不得而知。

突然有一天，我走进了山野，看见了鸟从眼前翻飞，虫在耳际鸣叫，甚至连微风里都带着湿湿的、黏黏的大自然的味道。我的视觉打开了，我的嗅觉打开了，整个人仿佛"活"了过来。

是啊，我应该像鸟一样飞跃，像虫一样歌唱，像树一样挺立，像草一样繁茂。我不能让自己无谓地陷入忧伤里，更不能"为赋新词强说愁"……那样的话，连一株小草、一朵小花都会嘲笑我，不是吗？

于是，我开始大量阅读自然图书，从我最熟悉的儿童诗入手，一下子写了很多很多的自然儿童诗。

这些自然儿童诗像一只又一只的蚂蚁，列着队，从我的眼前爬过。它们要是遇见我，还会停下来，跟我打一声招呼 ： "您好呀！"

像这首《爱讲礼貌的蚂蚁》，就这样来到了读者的面前：

蚂蚁忙着赶路

去搬一只大昆虫

路上见个面

你碰碰我，我碰碰你

雨快要下了

蚂蚁加快了步伐

路上见个面

还是不忘碰一碰

我非常喜欢《爱讲礼貌的蚂蚁》这首诗，经常给孩子们朗读，后来还收录在我的自然儿童诗绘本《牵着蜗牛去散步》里。

在 2012 年~2013 年间，我先后写了 100 多首自然儿童诗，并且精选成 4 本小书，分别是《牵着蜗牛去散步》《带着蜻蜓去飞行》《跟着种子去冒险》《随椰子果去漂流》，由福建人民出版社出版发行，且卖得很不错，得到了小读者的认可。

可以这么说，自然儿童诗就是这样领我走进了自然文学的大门。想必，我应该好好感谢大自然给予的灵感，不是吗？

自然散文让我走上自然文学之路

2019 年的夏天，我的生命之河正汹涌向前奔跑的时候，突然拐了一个弯，又慢了下来……

我深知，人生沉浮，命运无常，有时候并不由得了自己。与其哀叹命运的不公，不如振作起来。于是，我又一头扎进了书海。

这一次，我选择了自然散文。

窃认为，自然散文会给我一种"行到水穷处，坐看云起时"

的闲情，又或者有一种"雨中山果落，灯下草虫鸣"的静谧，这恰恰是我当下最需要的心境。

此时此刻，能够让我疗伤的，恐怕只有故乡的山水草木和鸟兽鱼虫了。这些年，我在匆忙的人生旅程里已经遗忘了它们，可是它们未曾将我遗弃，而是以宽厚的怀抱迎接我，像母亲站在村口迎接我一样。

奇妙的事情，就发生在 2020 年春节前后。一场突如其来的疫情就是在这个时候出现的，回乡下过年的我滞留在故乡。与其焦虑于返城的事，不如醉心于乡野的闲。

于是，我每天绕着村庄一遍一遍地寻找，寻找少年的痕迹，寻找少年记忆里的一树一草一虫，还有时常在天空翻飞的鸟。

我开始静下心来，重新去认识每一只鸟，麻雀、翠鸟、红耳鹎；也重新识别每一棵植物，龙眼、荔枝，还有金钱草，甚至是菜园子里的每一棵蔬菜；还去跟每一条虫子打招呼，螳螂、萤火虫、"伪装大师"竹节虫和"白天不接电话"的蟋蟀……

更为奇妙的事情来了，它们像一个个久违的朋友，来到了我的面前，来到了我的书稿里，跟我握手，跟我寒暄，争先恐后地跟我诉说少年时与我玩过的游戏，以及我们之间曾经发生过的故事。

像是什么在召唤我，召唤我回到书桌前。于是，我开始了自然散文的写作。从观鸟笔记开始，我一下子觉得，那些鸟亲切如故人，它们一只又一只飞到我的面前，叽叽喳喳道："您好呀！"

我不能再辜负一只小鸟对我的期待，于是奋笔疾书，一连写了很多很多野鸟的故事，接着还写了虫子的故事、树木的故事、杂草的故事、野花的故事……

回顾我的自然文学写作之路，我始终对大自然抱有一颗感恩的心，感恩大自然的润泽，也感恩大自然的宽恕。

因为每每在我遇到艰难险阻的时候，大自然总是向我敞开怀抱，拥我入怀，慰藉我的心灵，鼓舞我重新出发。

谢谢您，大自然！

何腾江